U0347935

栗苞怎么裂开了

图书在版编目（CIP）数据

身边的自然课．5，栗苞怎么裂开了 /（韩）黄比渊著；（韩）金明坤绘；刘春云译．-- 石家庄：河北科学技术出版社，2019.4（2019.5 重印）
ISBN 978-7-5375-9819-4

Ⅰ．①身… Ⅱ．①黄… ②金… ③刘… Ⅲ．①自然科学—儿童读物②植物—儿童读物 Ⅳ．① N49 ② Q94-49

中国版本图书馆 CIP 数据核字 (2019) 第 039376 号

身边的自然课・5
栗苞怎么裂开了
libao zenme liekai le

［韩］黄比渊 著 ［韩］金明坤 绘 刘春云 译

策划制作：北京书锦缘咨询有限公司（www.booklink.com.cn）
总 策 划：陈 庆
策　　划：李 伟
责任编辑：刘建鑫
设计制作：柯秀翠

出版发行 河北科学技术出版社
地　　址 石家庄市友谊北大街 330 号（邮编：050061）
印　　刷 北京富达印务有限公司
经　　销 全国新华书店
成品尺寸 185mm × 230mm
印　　张 4.5
字　　数 56 千字
版　　次 2019 年 4 月第 1 版
2019 年 5 月第 2 次印刷
定　　价 39.80 元

栗苞怎么裂开了

［韩］黄圵渊　著
［韩］金明坤　绘
刘春云　译

河北科学技术出版社

目录

春天

01 冬眠的动物们如何知道春天到来的消息？ 8
02 蚂蚁会为了迎接春天打扫洞穴吗？ 10
03 蟾蜍为什么会在产卵前寻找水洼呢？ 12
04 早春的花为什么格外鲜艳？ 14
05 雄三刺鱼真的是帅气的舞者吗？ 16
06 山里的鸟儿为什么只在春天鸣叫？ 18

夏天

07 炎热的夏天狼也出汗吗？ 22
08 飞蛾为什么总是聚集到路灯下？ 24
09 橡实剪枝象是导致橡子掉落的罪魁祸首吗？ 26
10 为什么蝉总是聚集在一起不停地大声鸣叫呢？ 28
11 蟒蛇每天早晨在石头上面做什么？ 30
12 弱不禁风的蘑菇是如何生存的？ 32
13 在森林中真的可以避暑吗？ 34

秋天

14 到了秋天，松鼠就会换衣服吗？ 38

15 昆虫们真的是每个季节都有不同的颜色吗？ 40

16 鳗鱼的家乡是大海吗？ 42

17 松鸦为什么一到秋天就很忙呢？ 44

18 栗苞怎么裂开了？ 46

19 银杏果为什么会发出呛人的味道？ 48

冬天

20 熊真的是在冬眠的过程中生熊宝宝吗？ 52

21 小小的瓢虫是如何冬眠的？ 54

22 帅气的鹿角为什么冬天会掉呢？ 57

23 鱼在水下如何度过寒冷的冬天？ 58

24 站在冰面上的鸭子为何不会冻伤呢？ 61

25 不能移动的植物们如何战胜寒冷的冬天？ 62

春天

冬眠的动物、蚂蚁、蟾蜍、早春的花、
雄三刺鱼、山鸟

01 冬眠的动物们如何知道春天到来的消息？

当气温上升后，青蛙、蛇等动物的身体逐渐变暖，
此时它们就会知道春天到了。
而熊、松鼠、刺猬等动物脑中有一种类似钟表的器官，
可以帮助它们感知身体的节奏。
因此，动物们知道何时进入冬眠，何时从冬眠状态醒来。
此外，还有一些动物是根据照在积雪上的阳光面积增大、
光照时间变长而知道何时结束冬眠。
自然界就是这样，冬眠的动物不会放过大自然的任何一个变化，
时刻等待春天的到来。

虎皮蛙

02

蚂蚁会为了迎接春天打扫洞穴吗？

不同种类的蚂蚁会在土地、树木等不同的地方挖洞穴。

比如，冬天来临之前，蚂蚁会将洞穴挖得很深，

然后在洞穴中避寒，

吃之前储存在洞穴里的食物过冬。

当春天到来时，蚂蚁们再次忙碌起来。

特别是工蚁，为了迎接春天的到来，

它们会一刻不停地清扫洞穴。

因为经过一个冬天后，洞穴内已经堆积了许多垃圾。

只有将这些垃圾清扫干净，

才可以为蚂蚁们储藏食物和抚养幼蚁提供充足的空间。

03

蟾蜍为什么会在产卵前寻找水洼呢？

冬眠的蟾蜍会在早春二月末至三月中旬苏醒过来。

为了产卵，它们会来到水洼或池塘中，

此时，雄蟾蜍会集中在一起鸣叫，吸引雌蟾蜍。

带有成熟卵子的雌蟾蜍会响应雄蟾蜍的鸣叫，

一起在水中追逐嬉戏，然后产卵。

蟾蜍卵只有在水中才能发育，所以蟾蜍会寻找水洼处产卵。

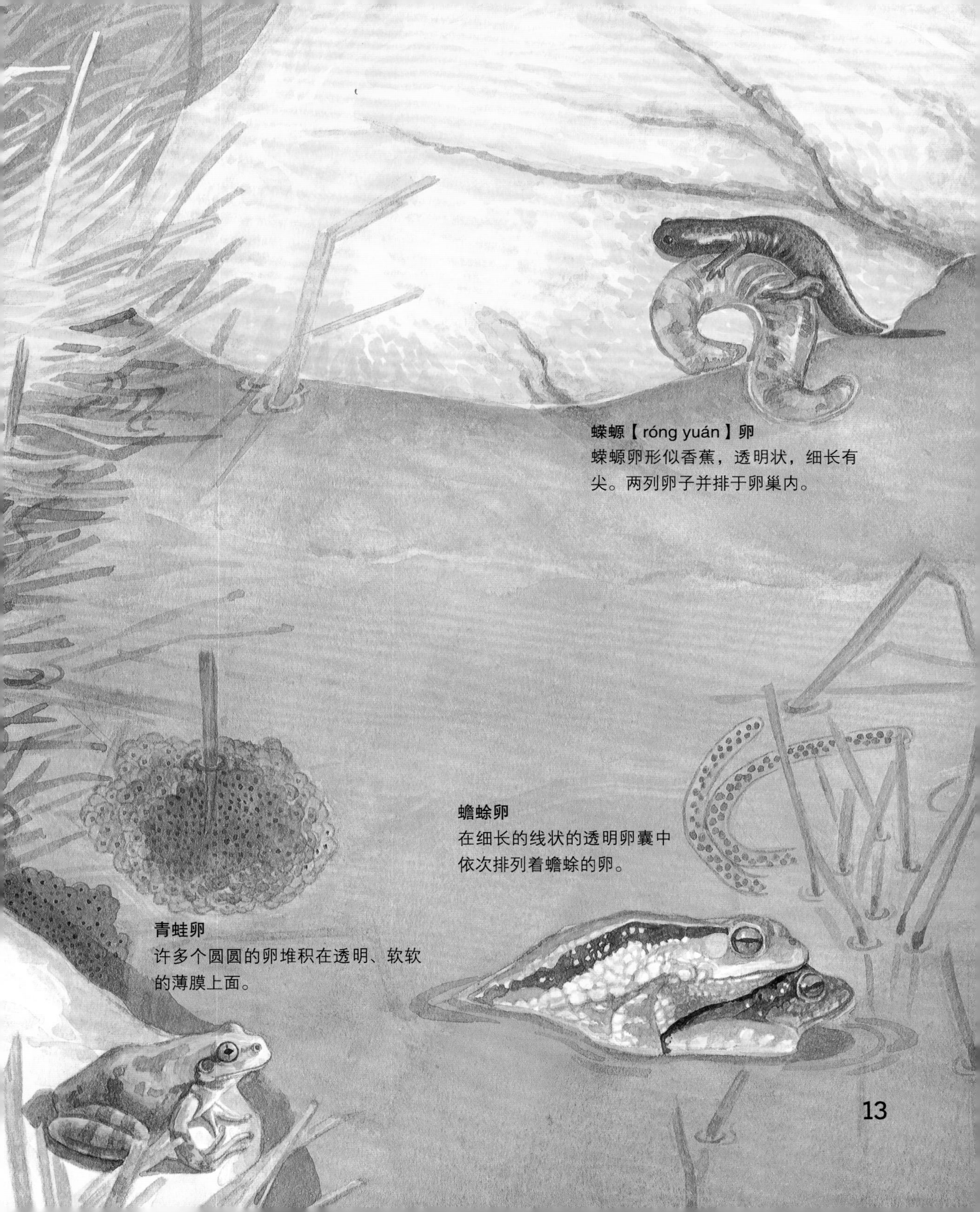

蝾螈【róng yuán】卵

蝾螈卵形似香蕉，透明状，细长有尖。两列卵子并排于卵巢内。

蟾蜍卵

在细长的线状的透明卵囊中依次排列着蟾蜍的卵。

青蛙卵

许多个圆圆的卵堆积在透明、软软的薄膜上面。

04

早春的花为什么格外鲜艳？

有两个原因。第一个原因是花为了避免成为动物们的食物。
早春时节会盛开许多像金盏花这样显眼的深黄色的花朵，
这些野花开得比较早，大部分都有非常鲜艳的颜色。
鲜艳的颜色是为了警示别人自己有强烈的毒素，

如果动物们吃下去，嘴里会有一种麻麻的感觉，而且会导致腹泻，

因此，动物们一般不会吃花。

另外一个原因是吸引更多的昆虫来授粉。

早春时节昆虫还很少，

花朵越鲜艳越能吸引昆虫来授粉。

05

雄三刺鱼真的是帅气的舞者吗？

雄三刺鱼背部长有 3 根刺，每年 3~4 月份准备配对。

此时，雄三刺鱼的肚子会变成红色，

雌三刺鱼认为颜色越红越能好好抚养下一代。

另外，雄三刺鱼会跳之字形舞蹈，

并以此将雌三刺鱼吸引到它的巢穴，

而且雌三刺鱼认为舞蹈越帅气、越活跃的雄三刺鱼越好。

但是，当雌三刺鱼进到巢穴产完卵后，

就会被雄三刺鱼赶出去，雄三刺鱼自己照顾卵。

06

山里的鸟儿为什么只在春天鸣叫？

春天是黄喉鹀、杂色山雀、百灵鸟等鸟儿配对的季节，
所以每到春天，大部分雄鸟都会划分自己的领域，
为了召唤雌鸟而大声鸣叫。
因为它们被茂密的树木遮挡，
很难显露自己俊俏的外表，只能通过鸣叫来吸引雌鸟，
并且声音越婉转动听越受雌鸟喜欢，
雌鸟认为声音动听的雄鸟可以好好抚养小鸟。

灰椋鸟
戴胜
灰鹡鸰【jí líng】
黄喉鹀【wú】

狼、飞蛾、橡实剪枝象、蝉、
蟒蛇、蘑菇、森林

夏天

07

炎热的夏天
狼也出汗吗?

夏天到了，动物们也怕热，

其中马、牛等动物和人一样通过汗腺排汗。

汗液被风一吹，身体会感觉凉爽。

但狼不会出汗，它们的汗腺不发达，

因此选择在黑暗且凉爽的夜晚活动。

那么狼如何散热呢?

它们就像狗一样伸出舌头喘气，

将粘在舌头上的唾液散发到空气中来降低身体的温度。

08

飞蛾为什么总是聚集到路灯下？

飞蛾主要在仲夏夜出来活动，月光是黑夜里的向导，

它就像指南针一样指引飞蛾前行的方向。

飞蛾十分清楚月亮在什么时候升起，

到什么时候落下，以月亮的移动轨迹决定行动路线。

但人类制造的路灯或电灯的光比月光明亮许多，

飞蛾将这些光误认为月光，导致它们根据灯光确定方向。

我们经常可以在夏季的夜晚看见飞蛾涌向路灯，就是这个原因。

09 橡实剪枝象是导致橡子掉落的罪魁祸首吗？

夏天，我们在山上经常可以看见橡子和树叶、树枝一起掉落在地面上，
其实这是体长不到 1 厘米的橡实剪枝象的所作所为。
橡实剪枝象在橡子里面产卵，
幼虫期主要靠吃橡子生长，冬季会钻入地下冬眠。
所以，橡实剪枝象妈妈为了让幼虫顺利钻入地下，
会迫使橡子掉落在地上。

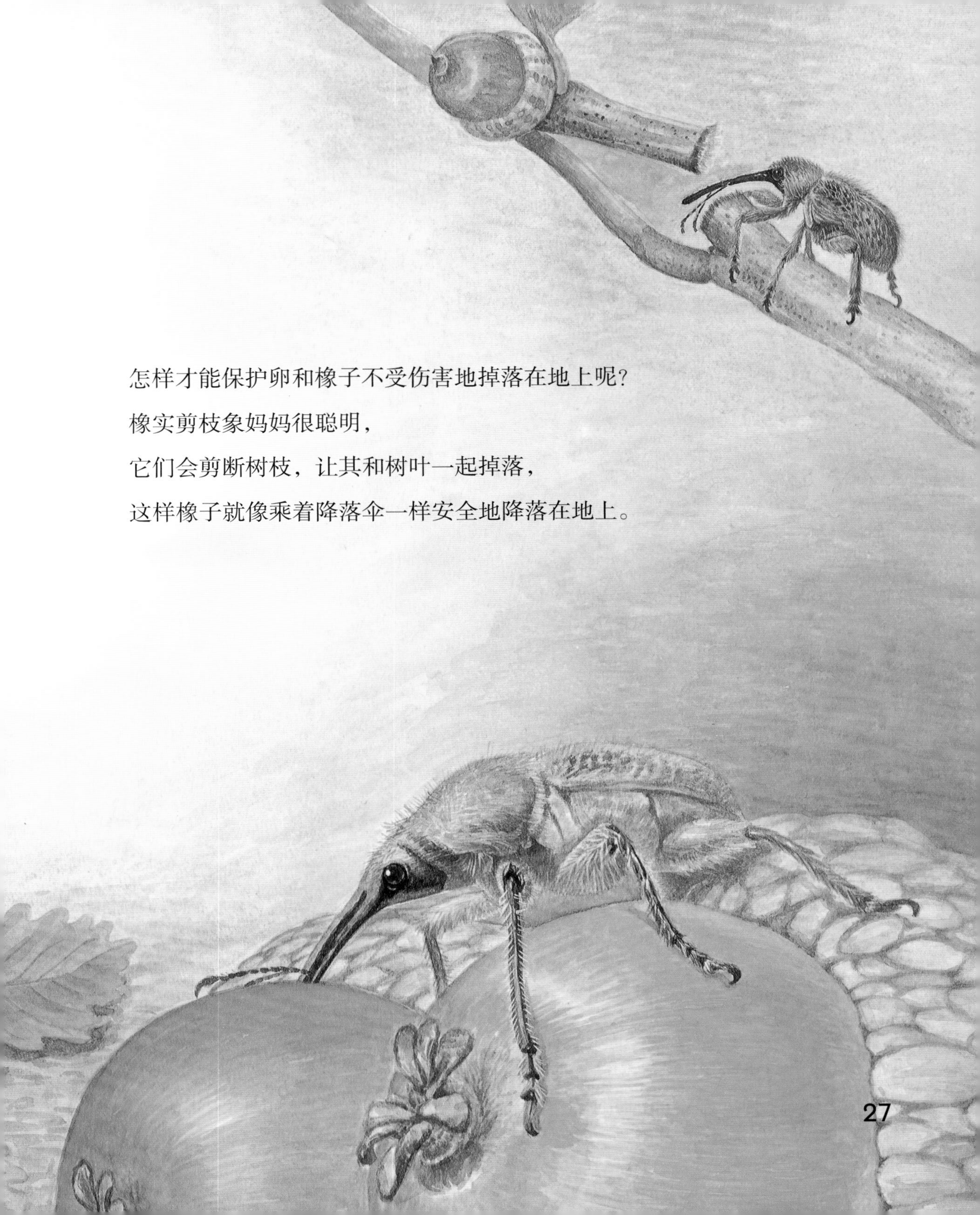

怎样才能保护卵和橡子不受伤害地掉落在地上呢？

橡实剪枝象妈妈很聪明，

它们会剪断树枝，让其和树叶一起掉落，

这样橡子就像乘着降落伞一样安全地降落在地上。

10

为什么蝉总是聚集在一起不停地大声鸣叫呢？

蝉到了成虫期一般活不过一个月，

在这期间蝉需要配对、产卵，所以非常繁忙。

为了寻找配偶，雄蝉除了吃东西的时候不叫，

其他大部分时间都在鸣叫。

雄蝉在鸣叫的时候，一般都是许多只一起叫，

因为只有这样才可以让雌蝉知道自身所在的位置。

它们的叫声非常大，甚至影响人们交谈。

此外，雄蝉在敌人来临的时候也会鸣叫。

蝉卵

雌蝉会在树枝上凿一个小洞，将白色的卵产在里面，一般会产下200~300枚卵。

蝉幼虫

蝉幼虫要在地下存活好几年，只有到了成年期才能来到地面上。

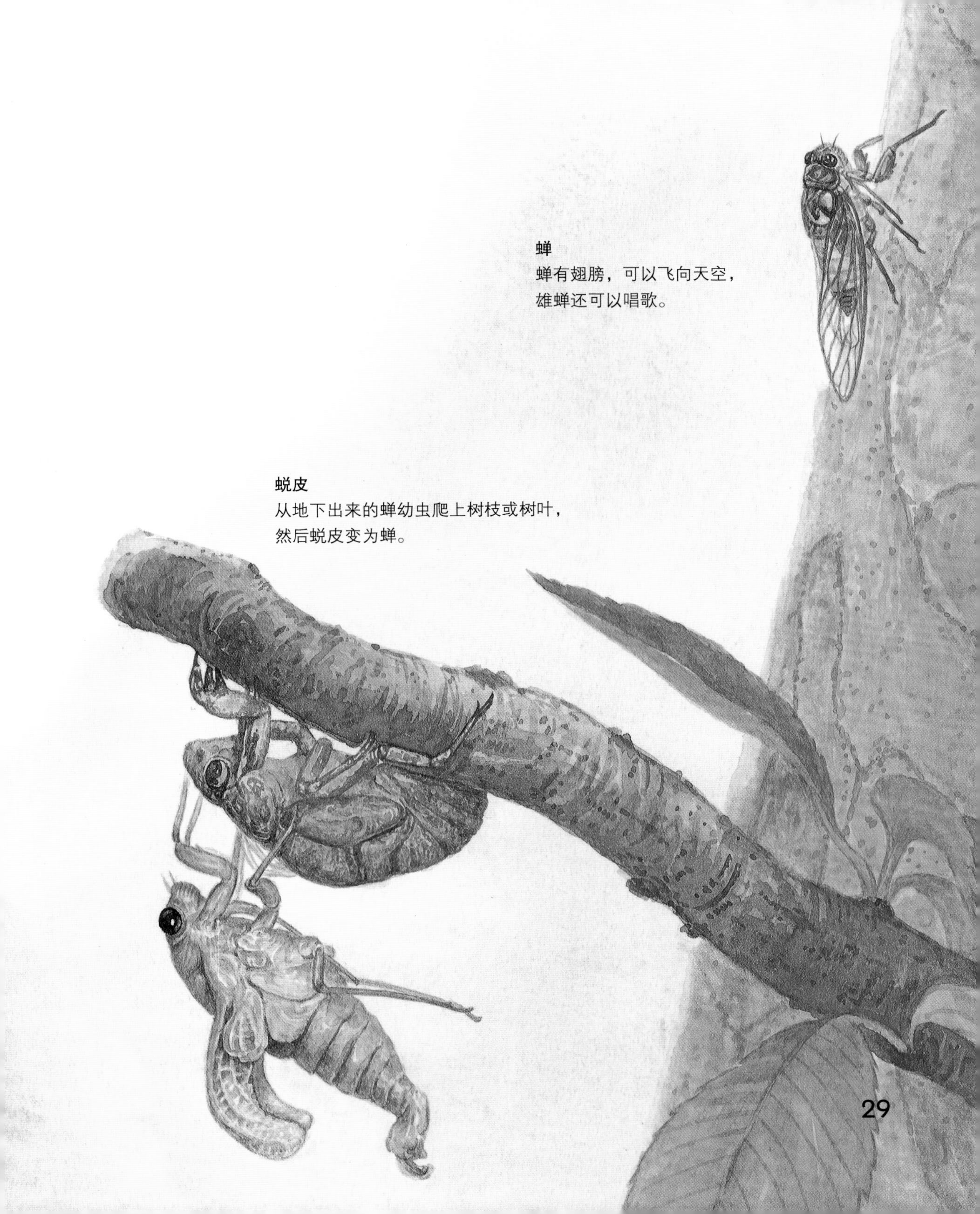

蝉

蝉有翅膀，可以飞向天空，
雄蝉还可以唱歌。

蜕皮

从地下出来的蝉幼虫爬上树枝或树叶，
然后蜕皮变为蝉。

11

蟒蛇每天早晨在石头上面做什么？

蟒蛇身体的温度不是一成不变的，

它会随着周围温度的不同而发生变化。

所以，蟒蛇在不同季节用不同的方法维持体温。

夏季虽然炎热，但清晨很凉爽，凉凉的露水使蟒蛇体温降低。

为了提高体温，蟒蛇会等到早晨明媚的阳光把石头晒热时爬到石头上。

温暖的石头是晾干空气中的水汽、提高体温的最佳地点。

但到了炎热的中午，蟒蛇体温持续升高，

所以它要到树林里或阴凉的地方避暑。

12

弱不禁风的蘑菇是如何生存的？

蘑菇主要靠吸收死掉或腐烂的动植物营养存活，

特别是气温升高、降雨增多、土地湿润的夏季，

正是蘑菇成长的好季节。

但蘑菇与坚硬的木头不同，它不但柔软，而且脆弱。

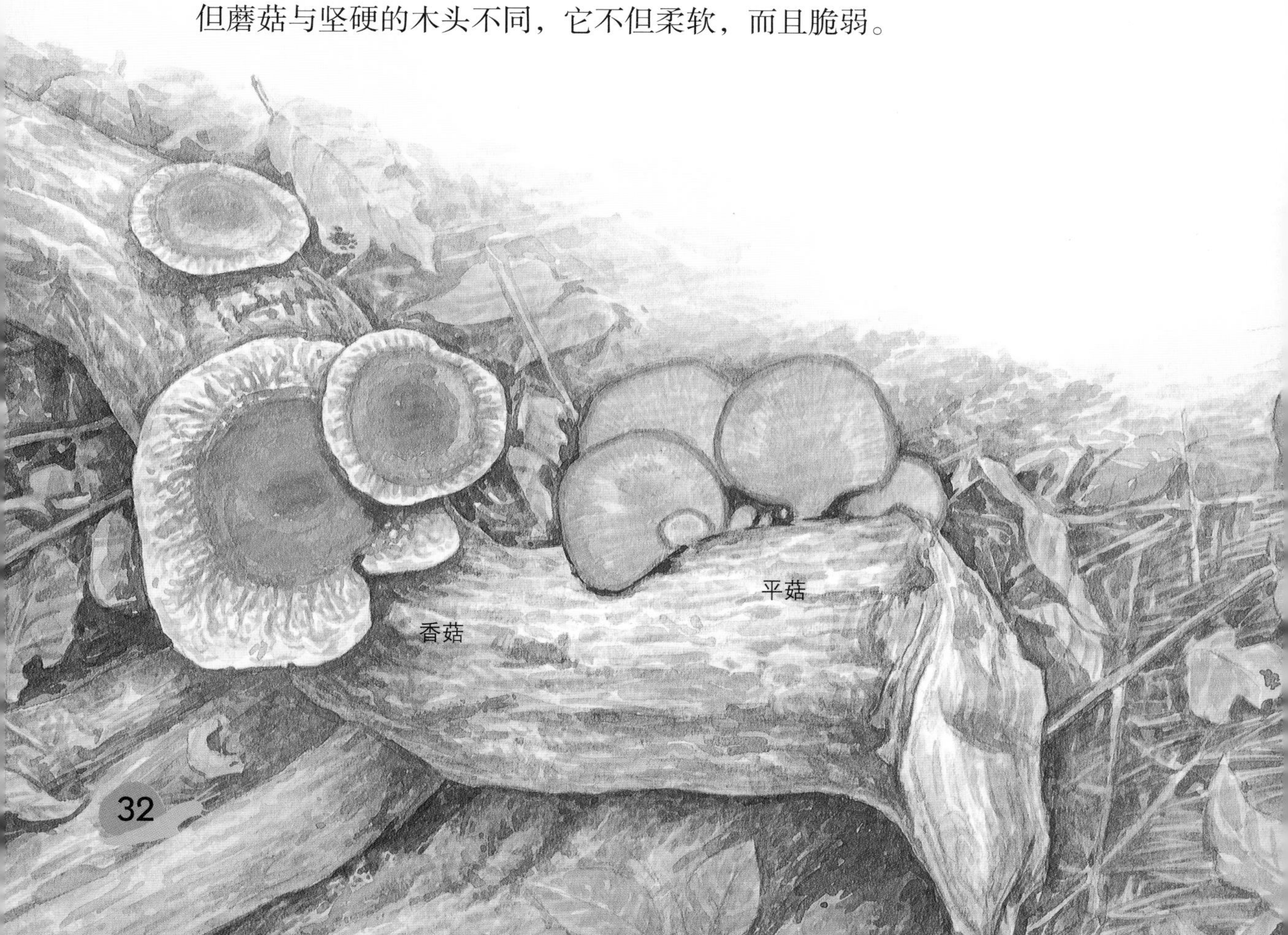

当阳光很强时立刻变干，

而雨水太多时就像融化在水里一样。

因此，对于蘑菇而言，最安全的地方就是树林。

白天，树林可以为其遮挡阳光，

雨天，树林可以充当雨伞为其挡雨。

13 在森林中真的可以避暑吗？

对，是这样的。

在炎热的夏天，森林里的温度要比其他地方低 3~4℃，

这是由于组成森林的各种植物发挥了作用。

首先，高大的树木利用树叶和树枝阻挡灼热的阳光。

其次，大部分植物都可以制造氧气，

并通过树叶排出，同时植物体内的一部分水分也会一起排出。

水分蒸发可以降低周边温度，从而降低森林的温度。

阳光强烈的白天，植物们不停地进行蒸腾和光合作用，

从而使森林变得凉爽。

松鼠、昆虫、鳗鱼、松鸦、
栗苞、银杏果

秋天

14 到了秋天，松鼠就会换衣服吗？

秋天对于动物来说是非常重要的季节，

因为它们要为过冬做准备。

动物既要准备冬天的食物，又要换上冬天的衣服。

夏天过后便是凉爽的秋天，

松鼠、猫狸、狼等哺乳动物开始慢慢地褪去夏毛，

因为到了寒冷的冬天，动物需要厚厚的浓密的毛才能保暖。

褪掉夏毛，重新长出浓密的冬毛，

这时长出的毛比较松散，因此动物们看起来就像生病一样。

为了战胜寒冷的冬天，换毛期的动物需要提前吃好多食物，

因此会变成一个肥肥的大饭桶。

15 昆虫们真的是每个季节都有不同的颜色吗？

季节不同，很多昆虫的大小和颜色也会不同。

我们将这种现象称为“季节型”。

大部分蝴蝶按季节可分为春天型、夏天型、秋天型，

例如，秋天的蛱蝶与春天的蛱蝶相比颜色更深，个头更大。

此外，部分盾蝽为了躲避天敌，会根据树叶色彩变换自身的颜色，夏天绿色花纹面积增大，秋天则褐色花纹面积增大。

16

鳗鱼的家乡是大海吗？

鳗鱼喜欢温水，它可以在江河、湖泊、沼泽等所有的浅水中生存。

鳗鱼在一般浅水中可以生存 5~12 年，

成年鳗鱼体长可以达到 60~70 厘米。

到了产卵的时候，鳗鱼会为了等待秋天的到来而游向遥远的大海。

鳗鱼随着大海的暖流游动，

当到达盐分比较高的流域时，它们会游向深海，产卵后死亡。

在遥远的大海中出生的小鳗鱼会离开大海，

经过 1~3 年的时间重新游回江河或湖泊。

17

松鸦为什么一到秋天就很忙呢？

松鸦是一种拥有褐色、白色、绿色等美丽羽毛的鸟类。

松鸦有储藏食物的习惯，特别喜欢吃橡子。

因此每当秋天橡子成熟的时候，

松鸦为了储藏冬天吃的橡子而非常忙碌。

松鸦将食物储藏在几个不同的地方，

为了不让其他动物知道，它还专门用树叶遮盖住储藏食物的“仓库”。

到了冬天，松鸦依然能准确地记住自己秋天储藏食物的地方，

因此松鸦以记忆力好而出名。

18

栗苞怎么裂开了？

栗子的栗苞在未成熟时是绿色的，而且水分多、柔软。

但到了深秋时节，包裹栗子的栗苞开始变干变小。

而栗苞内的栗子则随着时间的推移变大变硬，

渐渐成熟，外壳也变成了褐色。

继续萎缩的栗苞最终因承受不了又大又硬的栗子而裂开。

从栗苞中间露出来的栗子在秋天的阳光和秋风的

作用下逐渐变成深褐色。

18

银杏果为什么会发出呛人的味道？

秋天，成熟的银杏果变成黄色，会发出呛人的味道，
这是银杏树保护种子的一种方式。
仔细观察就会发现，银杏种子有 3 层果皮，层层包裹，
这种呛人的味道就是从最外层果皮中发出的。
许多昆虫和动物正是因为这种呛鼻的味道而不去靠近银杏果。
不仅如此，银杏果的外皮有一种会引起皮肤炎症的毒素，
动物们非常顾忌碰触银杏果。

与银杏果不同，通草果、棠梨果、槲寄生果、
刺玫果非常好吃，而且动物们很容易就能吃到。
吃过这些果实的动物们排出粪便，
粪便中没有被消化的种子来年春天又会发出新芽。

熊、瓢虫、鹿、鱼、鸭子、
不能移动的植物

冬天

20

熊真的是在冬眠的过程中生熊宝宝吗?

熊之所以选择冬眠，

是因为它们在冬天很难找到植物的叶子和果实等食物，

并且还要照顾在冬天出生的小熊。

熊在正式开始冬眠的 1 月份左右产崽，

一次生下两三只小熊。

但刚出生的小熊非常小，并且没长毛，

为了战胜寒冷的冬天，必须要熊妈妈照顾。

即使到了春天，小熊还是要继续吃奶，

到夏天来临之前，小熊会一直生活在冬眠的洞穴里。

21

小小的瓢虫是如何冬眠的？

瓢虫作为一种成虫，是冬天代表性的昆虫。

每到冬天，许多瓢虫就会聚集在树缝或落叶中间冬眠，

而且冬眠期间它们几乎一动不动，这也使它们的体温不会大幅下降。

但令人惊讶的是，有些瓢虫到了夏天还会夏眠。

因此，春天和秋天是瓢虫最多的季节，

它们在短暂的时间内努力寻找食物，并且寻找配偶。

22

帅气的鹿角为什么冬天会掉呢？

雄鹿会在春天长出犄角，

刚长出的犄角不硬，包围在柔软的毛发里面。

但到了需要交配的秋天，毛发脱落，坚硬的犄角便显露出来了。

雄鹿通过犄角向雌鹿展现自己帅气的模样，

同时也向其他雄鹿炫耀自己的力量。

但过了这个阶段，犄角就会立刻脱落。

因为雌鹿产下小鹿后，雄鹿就没有必要再向雌鹿展现自己了。

此外，如果一直带着重重的犄角也很费力气，不方便进食。

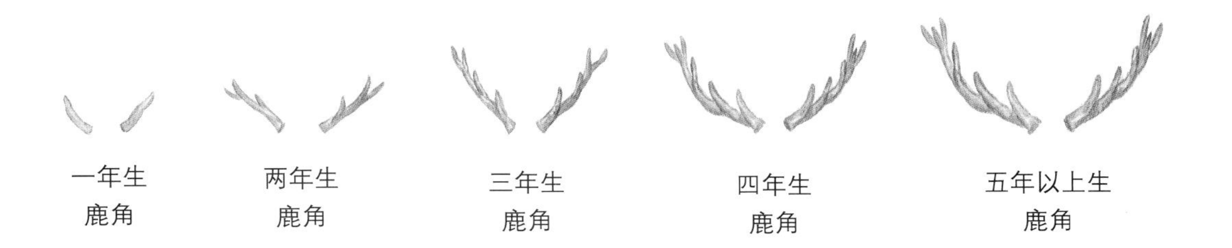

23 鱼在水下如何度过寒冷的冬天？

鱼会随着周边温度的不同而改变自身温度，
无论鱼生活的湖泊、江河、湿地多么冷，深水中也不会结冰。
因此到了冬天，鱼儿会纷纷游向更深的水域。
当寒流来临时，鲫鱼、高丽雅罗鱼、黄颡鱼等鱼儿就会一动不动地待在石头下面或泥浆里面，或在水很深的地方冬眠。
这时，鱼儿乎不呼吸，身体的温度也因冰冷的水而变得非常低，
几乎就像死去一样。

高丽雅罗鱼
黄颡【sǎng】鱼

大雁
天鹅

24

站在冰面上的鸭子为何不会冻伤呢？

鸭子、大雁、天鹅的体温比人类体温高，

一般为 40~41℃，但它们的脚部温度却与外部气温相似。

它们身体和脚的温度不同，

因为在身体和腿之间有逆流热交换系统，

可以阻止低温进入体内，也阻止体内的温度通过脚散发出去。

因此，即使它们站在冰或雪上，

身体温度也不会下降，脚也不会被冻伤。

野鸭

25

不能移动的植物们如何战胜寒冷的冬天？

一年生植物凤仙花、牵牛花、翠菊等结出种子后便死亡，

这些种子在地下或落叶中度过寒冷的冬天。

相反，包括树木在内的很多多年生植物度过冬天的方法多种多样。

蒲公英、荠菜、大蓟等植物到冬天叶子落下，地上部分枯萎，

但它们的根系深深扎在土里，

即使寒冷的冬天也冻不死，到来年春天又长出新芽。

水仙花、郁金香等植物也是只剩下根部在地下越冬。

除此之外，叶子尖尖的针叶树原封不动地过冬。

但叶片宽大的阔叶树的叶子会全部掉落，

只留下光秃秃的树枝度过冬天。

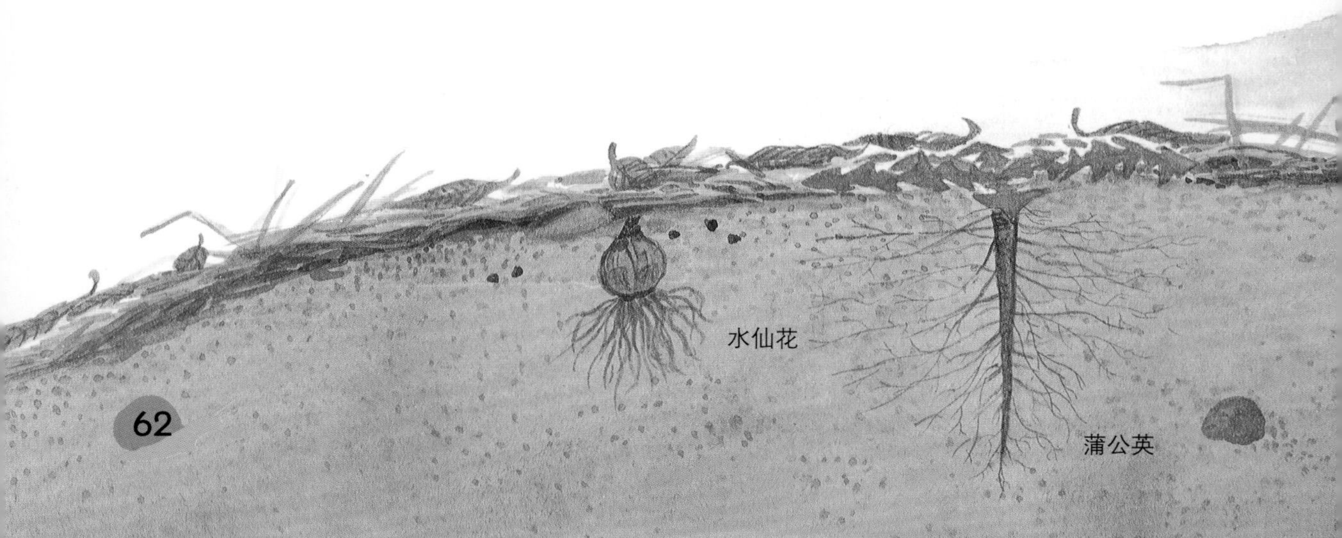

针叶树
阔叶树
大蓟
荠菜

在春天、夏天、秋天、冬天，和树林里的动植物们一起玩的游戏

一年分四季，每个季节都有不同的特点，让我们充分体验大自然带给我们的富足和美丽吧！通过适合各个季节的自然游戏，可以让孩子们真切地感受大自然的神秘和伟大。

春天

用紫苜蓿花制作首饰　每年 5~6 月，路边到处盛开着紫苜蓿花。摘几朵花，用花轴部分编成戒指、手镯、花环、项链等漂亮的首饰。

夏天

寻找橡子洞　夏天去爬山时，捡一些被橡实剪枝象剪掉的橡树树枝，然后在橡子上寻找橡实剪枝象产卵的洞，看看谁先找到橡实剪枝象产卵的洞。

秋天

放飞种子　秋天在路边看见蒲公英或萝藦的果实，请对着它们的种子使劲吹一下，种子挥动着白色的翅膀飞向远方的画面真的很美。

冬天

印树皮纹路　准备几张纸和蜡笔，找一个有多种树木的地方。将纸张放在树干上，用蜡笔轻轻地在纸上摩擦，这样树皮上面的纹路就会原封不动地印在纸上。通过比较不同种类树干上的花纹，孩子们可以很清楚地了解树木的特征。